MÉMOIRE

SUR L'OBSERVATOIRE

DE MÉRAGAH

ET SUR QUELQUES INSTRUMENS

EMPLOYÉS POUR Y OBSERVER.

MÉMOIRE

SUR L'OBSERVATOIRE

DE MÉRAGAH

ET SUR QUELQUES INSTRUMENS

EMPLOYÉS POUR Y OBSERVER;

Suivi d'une Notice sur la Vie et les Ouvrages de NASSYR-EDDYN: le tout traduit des Auteurs Arabes et Persans;

PAR A. JOURDAIN,

Elève de l'Ecole spéciale des Langues Orientales vivantes.

PARIS,

CHEZ BECHET, Libraire, quai des Augustins, n.° 63.

IMPRIMERIE DE J.B. SAJOU, RUE DE LA HARPE, n.° 11.

MDCCCX.

AVERTISSEMENT.

Ce Mémoire n'est à proprement parler que la traduction d'un auteur arabe augmentée de notes. Il se compose : 1.° de détails sur l'histoire de l'Observatoire de Méragah et sur sa fondation; 2.° de la description des *instrumens anciens* ou connus des Grecs ; 3.° de celle des *instrumens nouveaux* ou inventés par l'auteur du traité présentement traduit; 4.° enfin d'une *Notice sur Nassyr-Eddyn.*

Il n'est pas, j'en conviens, d'un intérêt égal dans toutes ses parties. J'indiquerai donc ici comme le plus digne d'attention, parmi les *instrumens anciens*, la description du *mural* exécuté par Nassyr-Eddyn, et dont l'invention est généralement attribuée à Tycho-Brahé; la manière de travailler les cercles et de les rendre propres à être employés; ce morceau se trouve à la fin de la description de la *sphère armillaire;* enfin la description de l'*instrument* dit à *pinule mobile,* destiné à connoître la grandeur des éclipses.

Parmi les *instrumens nouveaux,* excepté les deux *quarts de cercle mobiles* sur un cercle horizontal, idée conçue depuis et exécutée par Tycho-Brahé, on ne trouvera rien qui puisse intéresser. L'avantage qu'on peut tirer de cette partie du Mémoire, c'est de la faire servir à déterminer les progrès que l'art avoit faits chez les Arabes. On en conclura que ce peuple n'étoit pas doué du génie qui créé et perfectionne. Il fut grand observateur parce que son caractère, la beauté du climat et la pureté d'un ciel toujours serein, le portoient naturellement aux observations; mais aussitôt qu'il veut créer, on s'aperçoit qu'il est inférieur à ses prédécesseurs dans la science.

Il est de vérité reconnue que de la justesse des instrumens dépend celle des orbservations: or en connoissant ceux dont se servit Nassyr-Eddyn, on pourra apprécier ses travaux, et peut-être même ceux des autres astronomes arabes; car il est probable que ces mêmes instrumens dont on va lire la description, ont été employés avant et après Nassyr-Eddyn. Les défauts tenant à leur forme auront donc toujours existé.

Les Arabes, selon M. Bernard (1), mesuroient les plus petites parties du temps par des clepsydres, par de grands cadrans solaires, ou enfin par des pendules. « On n'imagine « point, dit-il, combien ils ont appliqué « d'intelligence et de soin à cette grande en- « treprise de l'esprit humain de connoître le « cours des astres et leur distance à la terre. » Je ne sais où M. Bernard a pu trouver dans les auteurs orientaux des autorités suffisantes, pour croire que les Arabes connoissoient le pendule. Cette assertion de la part d'un savant distingué, m'engagea à faire des recherches dont je ne doutois point que le résultat ne me confirmât ce qu'il avoit avancé. Mais j'avoue que j'ai rencontré différentes espèces d'horloges, sans trouver aucune mention du pen-

(1) Je rapporte ce passage d'après M. Bailly (*Hist. de l'Ast. moder.*, t. 1, p. 246); car ce dernier ne cite point l'ouvrage de Bernard où il a puisé, et toutes les recherches que j'ai faites pour le retrouver ont été infructueuses. Je me rappelle d'avoir lu quelque part que M. Bernard, dans une lettre adressée à M. Hutington, avoit donné des détails sur le pendule des Arabes et leurs instrumens astronomiques; le passage cité par M. Bailly en vient certainement, mais j'ignore également où se trouve cette lettre qui auroit pu m'être d'un grand secours.

dule. M. Bailly accuse M. Bernard de n'avoir point cité les sources où il a puisé.

Enfin, je recommanderai la Notice sur Nassyr-Eddyn, qui est la plus complète et la plus exacte que l'on ait sur cet astronome célèbre.

Si le temps n'apporte point de changement à mes dispositions actuelles, j'emploîrai par la suite les notes que m'a fournies la lecture de plusieurs auteurs; j'attends que de nouveaux renseignemens aient confirmé ceux que j'ai déja acquis, afin de rendre mon travail digne de l'attention des savans. J'espère qu'ils daigneront jeter un regard favorable sur ce foible essai qui n'est qu'un engagement pris de faire tourner au profit de l'astronomie plusieurs années consacrées à l'étude des langues orientales.

MÉMOIRE

SUR L'OBSERVATOIRE

DE MÉRAGAH (2)

ET SUR QUELQUES INSTRUMENS

EMPLOYÉS POUR Y OBSERVER.

Les renseignemens que nous possédons sur les instrumens astronomiques des Arabes sont tellement incomplets qu'on est tenté de les regarder comme nuls. Cependant le surnom d'Asterlâby donné à plusieurs astronomes en témoignage de leur habileté dans la construction de l'astrolabe, prouve l'estime qu'ils avoient pour l'art, et l'importance attachée aux bons instrumens (3). Il faut, je crois,

(2) Ancienne capitale de l'Azerbaydjân, province occidentale de la Perse, l'*Aviopatia* des anciens. Lat. 80° 0' long. 37° 20.

(3) Ibn Iounis met au nombre *des grands hommes qui paroissent rarement, et que la nature est longtemps*

attribuer cette obscurité dans l'histoire de l'astronomie, à l'oubli où sont restés les manuscrits dont on pourroit tirer quelque lumière.

Je me suis livré depuis quelque temps à des recherches d'abord infructueuses, mais dont le résultat a été en dernier lieu la découverte d'un petit traité (*Riçâlet*) sur la construction de quelques instrumens employés à l'Observatoire de Méragah, et exécutés par l'auteur même, ami et collaborateur du célèbre Nassyr-Eddyn Thoucy (4). Je conçus par le seul titre de cet ouvrage le desir d'en entreprendre la traduction ; j'espérai que l'intérêt de la matière me récompenseroit de

à produire, Aly Ibn ica *Alasterlâby* et Ahmed Ebn Aly de Wacith, astronomes et célèbres constructeurs d'instrumens. Le premier qui excelloit dans la construction de l'astrolabe, comme l'indique son surnom, étoit un des astronomes du khalyfe Mamoun. Voyez Tables Hakemites, insérées dans le t. 7, *des Not. et Ex. des Manusc.*, p. 38, et la note. Golius, *not. ad al Alferg.*, p. 69.

(4) Ce petit traité fait partie du n.° 1157 des manuscrits arabes de la Bibliothèque impériale, il occupe 19 feuillets : quoiqu'il soit sans nom d'auteur, deux circonstances rapportées dans le courant de l'ouvrage, me font croire qu'on doit l'attribuer à Mouwayyad al-Orédhy de Damas. Je n'ai sous les yeux qu'une copie faite le mercredi 26 de dhoulheddjah 1009 (1600), et je doute qu'elle soit complète.

mes peines : je pensai trouver dans la difficulté d'un texte souvent fautif, dans celle du sujet même, l'excuse des erreurs qui pourroient dépendre de mon insuffisance. C'est ce premier essai dégagé des longueurs et des inutilités dont l'ouvrage arabe est quelquefois surchargé que j'offre au lecteur, en y ajoutant des détails sur l'Observatoire de Méragah et une Notice sur Nassyr-Eddyn.

Fondation de l'Observatoire.

Mangou-Qaân (5), prince Mogol, qui devoit à la nature un esprit étendu et de grandes dispositions pour les sciences, ayant lu les

(5) Il étoit petit-fils de Genguiz-khan par Touly-khan, et fut le quatrième empereur des Mogols ou Tartares. Pendant son règne qui fut de 13 ans, il favorisa les Chrétiens et les Mahométans, et persécuta les Juifs. Il mourut l'an 657 de l'hégire (1258). D'Herbelot, *Bibl. orient.*, au mot *Mangù.*

Holâgou-khân, frère de Mangou-khân, lui succèda au trône et fut le chef des *Mogols Ilkhaniens.* On peut le mettre au nombre des plus célèbres conquérans et politiques dont l'histoire nous ait transmis les faits. Il traverse la Perse comme un torrent, s'empare de Bagdad, détruit l'empire des khalyfes, soumet la Syrie, la Mésopotamie, une grande partie de la Natolie, et pousse ses conquêtes jusqu'en Egypte. Au retour de ces expéditions il fonde des Universités, fait élever l'Observatoire de Méragah,

ouvrages d'Euclide, se passionna pour l'astronomie, et desira ardemment avoir un Observatoire. Il appela près de lui Djémâl-Eddyn (6) pour effectuer ce projet; mais celui-ci, en trouvant l'exécution au dessus de ses forces, eut la modestie d'avouer son incapacité. L'Observatoire ne fut pas commencé.

Nassyr-Eddyn, traité injustement par le gouverneur du Coûhestân (7), s'étoit réfugié chez les Molaheds, secte impie (8) qui occupoit l'Irac-Adjem. Ses talens supérieurs avoient porté son nom aux oreilles de Mangou, qui résolut de l'employer. Holâgou, son frère, étant sur le point de passer dans l'Irân (9), il lui ordonna d'envoyer à la cour Nassyr-Eddyn, quand il se seroit rendu maître de l'Irac. Tout ayant cédé aux armes

et meurt en cette ville. On peut voir dans d'Herbelot le dénombrement des provinces qu'il laissa à son successeur. Voyez D'HERBELOT, *Bibl. orient.*, au mot *Holágou*.

(6) Ses noms sont : Djémâl-Eddyn, Mouhammed ben Dhaher ben Mouhammed Alzéydy Alnadjâry.

(7) Voyez la Notice sur Nassyr-Eddyn placée à la suite de ce Mémoire.

(8) Ce sont les Ismaéliens fameux dans l'histoire des Croisades sous le nom d'*assassins*.

(9) Nom sous lequel les Persans désignent leur Empire.

victorieuses d'Holâgou, Nassyr-Eddyn vint se ranger sous ses drapeaux, et le conquérant et le Khodjah se lièrent bientôt d'une telle amitié qu'ils ne purent point se séparer. Ce dernier desiroit depuis longtemps être à la tête d'un Observatoire où il pût déployer ses grands talens pour l'astronomie; il ne lui fut pas difficile de faire entrer dans ses vues un prince qui l'aimoit et qui protégeoit les sciences. Aussitôt après la prise de Bagdad (10), l'ordre fut donné aux trésoriers et aux gouverneurs de fournir à Nassyr-Eddyn tout ce dont il pourroit avoir besoin. Des instrumens furent construits, les livres épars dans le Khoraçan en Syrie, à Bagdad et à Moussoul furent recueillis, et les plus célèbres astronomes (11) se rassemblèrent par les ordres d'Holâgou; enfin, les fondemens de l'Observatoire furent jetés au mois de djumadyl-awel, 657 de l'hégire (avril-mai 1259).

Une si belle entreprise n'auroit pas encore été achevée sans la présence d'esprit de Nassyr-Eddyn. Holâgou s'étant fait remettre le

(10) Cet événement, qui mit fin à la puissance des Abassides, arriva le 29 de moharrem 656 (1258).

(11) Mouwayyad-Eddyn al-Orédhy de Damas, Fakhr-Eddyn Khelathy de Tiflis, Fakhr-Eddyn Merâghy de Moussoul et Nedjm-Eddyn Debyrran de Casbin; ce dernier est auteur du livre intitulé *Alaïn* (l'œil); Abulpharadje, *Hist. Dynas.*, p. 358.

devis des dépenses nécessaires, alloit renoncer à son projet, à cause des sommes énormes qu'il lui coûteroit. Le Khodjah ayant vainement insisté, voulut lui prouver l'utilité de l'astronomie. Il le pria de faire porter, pendant la nuit et en secret, un immense bassin de cuivre sur une montagne voisine, et ordonna aux porteurs de le faire rouler tout-à-coup du haut de cette montagne. Ce bruit, dont les Mogols ne connoissoient point la cause, jeta l'alarme dans leur camp. L'empereur et l'astronome furent les seuls qui ne se laissèrent point troubler. Celui-ci prit de là occasion de faire remarquer au prince que si le bruit très-naturel, causé par ce bassin, avoit pu effrayer ses troupes, il y avoit de même dans le ciel des phénomènes que l'astronomie enseignoit à voir tranquillement, et qui pouvoient jeter la terreur parmi les ignorans; Holâgou persuadé fit continuer l'Observatoire (12).

Nassyr-Eddyn choisit pour emplacement le sommet d'une montagne située au couchant et près de la ville de Méragah. L'édifice fut

(12) M. Langlès, dont je m'honorerai toujours d'être l'élève, a bien voulu me permettre de faire usage de cette anecdote insérée dans les savantes notes dont il vient d'enrichir le Voyage de Chardin. Je l'ai retrouvée ensuite dans le Dictionnaire de Hadji-Khalfa au mot *ilm rassady*.

disposé de manière que tous les matins les rayons du soleil étoient reçus par un trou pratiqué à la coupole de l'édifice et se projetoient sur le mur. On connoissoit par là les degrés et les minutes du mouvement moyen du soleil, sa hauteur dans les quatre saisons de l'année et la quantité des heures. On voyoit dans l'intérieur du bâtiment, les figures des sphères, des épicycles, des déférens, des cercles destinés à représenter le mouvement des douze signes du Zodiaque. Enfin la forme de la terre, la division en sept climats de sa quatrième partie habitée, la longueur des jours, la latitude des pays, la forme des îles et des mers y étoient marquées bien distinctement. Les instrumens s'y trouvoient en grand nombre, et Nassyr-Eddyn à chaque nouvelle observation demandoit à Holâgou des sommes incalculables pour les perfectionner (13).

Tels sont les foibles détails que j'ai rassemblés sur cet Observatoire, l'un des plus célèbres de l'Orient. La première idée en appartient à Mangou-Qaân; et Holâgou, flatté par Nassyr-Eddyn, l'aura fait servir à sa propre gloire. Malheureusement ce prince n'eut pas la satisfaction de recueillir le fruit des sommes considérables qu'il avoit dépensées.

(13) J'ai puisé une partie de ces détails dans l'*Habybul sayr* de KHONDEMIR, célèbre historien persan.

Il tomba, peu avancé en âge, dans une maladie de langueur et expira tranquillement à Méragah au milieu de ses vrais amis, je veux dire des savans qu'il y avoit rassemblés. Les fameuses tables Ilkaniennes ne furent achevées que sous le règne de son fils Abâqâ-khân. On peut dire qu'elles ont immortalisé la mémoire de ces princes autant que les victoires les plus brillantes.

Instrumens employés aux Observations.

Le traité dont j'ai fait mention plus haut, commence par une préface où l'auteur fait l'éloge de l'art de construire des instrumens d'astronomie; art, dit-il, qui fait partie des mathématiques, et mène plus que tout autre à la métaphysique. Ensuite il continue:

« Les anciens et les modernes ont construit « différentes espèces d'instrumens, mais les « uns n'étoient point exacts et les autres ne « donnoient pas le résultat qu'on en atten- « doit. Ce n'étoit pas la faute de l'ouvrier: « ces défauts provenoient de la forme défec- « tueuse de tous et de leur mauvais à-plomb. « Dans cet ouvrage, nous avons fait mention « des meilleurs instrumens employés par les « anciens, et nous avons applani les diffi- « cultés que leur construction ou leur em- « ploi pouvoient présenter. Nous avons ajouté

« un traité de la construction des instrumens « que nous avons inventés; il occupera la « plus grande partie de notre ouvrage.

« La première opération nécessaire, lorsqu'on « place des instrumens, c'est la connoissance « de la ligne méridienne du lieu où l'on « observe. Les moyens d'y parvenir sont « très-nombreux et très-faciles; cependant « la meilleure méthode est, à notre avis, celle « employée par les anciens et connue sous le « nom de *cercle indien.* Il faut surtout la « pratiquer lorsque le soleil est dans l'un des « tropiques, l'opération étant alors beaucoup « plus juste que dans tout autre temps. La « voici :

« Prenez un carré de marbre, de pierre « ou de bois; égalisez-en la superficie autant « que possible, et placez-la parallèlement à « l'horizon; tracez-y plusieurs cercles concen- « triques, afin qu'ayant manqué de marquer « l'entrée de l'ombre sur un de ces cercles, « l'autre puisse le remplacer; posez au centre « des cercles un style (*méqyas*) de la lon- « gueur du quart du diamètre du plus grand « cercle tracé sur le carré, si l'opération a « lieu pendant l'hiver, et du tiers si elle a « lieu pendant l'été. Ce style sera de cuivre « ou de bois; s'il est de cuivre, il se tient par « son propre poids; s'il est de bois, vous le « creusez à sa base et vous y coulez du plomb

« pour qu'il ne vacille point; vous marquerez « sur la circonférence des cercles, les points « d'entrée et de sortie de l'ombre ainsi que « sa largeur; la ligne que vous tirerez ensuite « et que vous ferez passer par le milieu de « l'arc de cercle compris entre ces deux points, « sera *la ligne méridienne*....

« Nous allons actuellement parler des ins- « trumens astronomiques que nous avons faits « pour l'Observatoire de Méragah avant et « après l'année 660 de l'hégire (1261 de notre « ère) sous l'inspection du célèbre Nassyr- « Eddyn. »

Ici commence le traité: il se compose d'instrumens anciens ou dont Ptolémée fait mention, et d'instrumens inventés par l'auteur ou peut-être par Nassyr-Eddyn; les uns et les autres sont au nombre de cinq également.

Instrumens anciens.

Quart de cercle fixé ou *Mural.*

L'auteur dit que Ptolémée l'appelle *les briques*, et qu'il en a parlé dans l'*Almageste*. Ce nom ne s'y trouve point comme désignant un instrument; cependant je crois avoir trouvé celui qui peut avoir donné à l'auteur l'idée de son mural. Je commencerai par rapporter sa description, et j'y joindrai le passage de l'astronome grec.

« Elevez parallèlement à la ligne méri-
« dienne un mur de 6 ½ coudées haké-
« mites (14) de longueur et de largeur.

(14) L'auteur ajoute : « qui est la coudée astrono-
« mique. » Ce passage pourroit être de quelque importance pour les Traités d'Astronomie où il est question de coudée. Mais l'incertitude sur la valeur de cette coudée sera un obstacle à sa juste estimation. Mon auteur et Massoudy (*Not. et Ext. des Mss.*, t. 1, p. 55), la font de 3 schebr ou 36 d., tandis qu'elle n'est ordinairement que de 32 d.; cependant, en admettant que la valeur du doigt ne change pas, on pourra, je crois, l'évaluer à peu près. M. Lepeyre a mesuré en Egypte la coudée du *Méqyas* qui est la coudée noire ou de 27 d., et l'a trouvée de 19 p. 6 l. En partant de cette estimation, notre coudée, qui est de 36 d., peut être évaluée 26 p. Quant aux subdivisions de la coudée, les voici : le *schebr* ou empan de 12 d. 8 p. 8 l.; c'est proprement l'espace qu'on peut mesurer depuis l'extrémité du pouce jusqu'à celle du petit doigt : le *fétr* ou l'espace renfermé entre l'extrémité du pouce et celle de l'index; il peut être évalué 7 à 8 p. ou 10 d. : le *cabdhah* ou poing de 4 d. 2 p. 10 l.; le doigt équivaut à 5 grains d'orge serrés l'un contre l'autre, et le grain d'orge à 6 poils de mulet. Il y a encore une autre petite subdivision qu'on nomme *aqad* (nœud); elle paroît répondre à l'*uncia*, *pollex transversus* des Latins, δάκτυλος μεγας des Grecs. Elle est très-usitée dans le *Traité de Chirurgie* d'Albuqacis publié et traduit par M. Channing. L'auteur, en indiquant la grandeur de certaines incisions, dit qu'elles doivent avoir *aqdet ibham*, *nodex pollicis*, ou simplement un *aqdet*

« Placez à sa face orientale un quart de « cercle en bois de *sadje* (15) avec ses deux « règles, soutenu par des supports fixés au « mur ; le quart de cercle et les règles ont « un quart de coudée de largeur ; les règles « ont 5 coudées de longueur. Prenez pour « centre l'angle méridional du mur, et faites « au milieu de la largeur de ce quart de « cercle une rainure de trois doigts de lar- « geur et d'un demi-doigt de profondeur ; « fixez dans cette rainure un quart de cercle « en cuivre de même dimension, et réunis- « sez-le au premier par des vis qui pénètrent

un nœud. Voy. Albuqacis, *de Chirurgia*, t. 1, p. 72, 78, 80, etc. L'auteur se sert encore de la coudée commune ou de 24 doigts, 17 p. 3 l. Voy. *Tab. Hak.*, p. 160 et 186. Ed. BERNARD, *de Mens. et Pond.*, p. 195. NORDEN, *Voyage en Egypte*, éd. de M. LANGLÈS, t. 3, p. 284, la note; et GOLIUS, *ad Alfer.*, p. 73.

(15) On ne sauroit déterminer au juste quelle est l'espèce de bois ainsi nommé. Il est étranger à l'Arabie et y est importé de l'Inde. Des savans ont cru que c'étoit l'ébène ; cette opinion a paru erronnée à d'autres. M. de SACY conjecture que ce peut être le bois de *tek* renommé pour la construction des vaisseaux. Ce qui est certain, c'est que ce bois est réputé très-dur et peu sujet à se gauchir ; c'est pourquoi l'auteur l'employe pour tous ses instrumens. Voy. sur ce bois, la *Chrestomathie arabe* de M. DE SACY, t. 3, p. 450, note 15.

« de l'un dans l'autre. Sur le limbe du quart « de cercle égalisé autant que possible, tra« cez trois cercles concentriques entre les« quels vous écrirez, au milieu les 90°, d'un « côté les minutes et de l'autre les degrés « marqués 5° en 5° : comptez de la partie « inférieure du quart de cercle pour trou« ver lors de l'opération la hauteur méri« dienne. Mais, avant de fixer l'instrument « au mur, examinez soigneusement 1.° si « l'une des deux règles est perpendiculaire à « l'horizon et l'autre parallèle; 2.° si le limbe « du quart de cercle est dans le plan du « méridien, en sorte que la ligne qui passe « par le centre et l'extrémité méridionale du « quart de cercle passe par le zénit. L'instru« ment étant solidement fixé dans cette po« sition, adaptez au centre un cylindre « d'acier autour duquel tourne une alidade « garnie de pinules. Cette alidade est dimi« nuée vers l'extrémité opposée à l'axe, de « la longueur de trois doigts, dans sa lar« geur, jusqu'à la ligne qui passe par le « milieu de cette largeur. La ligne qui pas« sera par le degré de hauteur et le centre « du quart de cercle, passera alors par le « centre du soleil. Pour alléger le poids de « la règle lors de l'opération, placez une « poulie au haut du mur, et un anneau « à l'alidade; puis, au moyen d'une petite

« corde, vous l'éleverez et l'abaisserez à vo-
« lonté. »

Telle est la description de l'auteur arabe. Voici maintenant le passage de Ptolémée. Je me servirai de la traduction libre qu'en a faite l'auteur de l'Histoire de l'Astronomie.

« Ptolémée décrit un second instrument (16)
« formé d'une pierre ou d'une pièce de
« bois quadrangulaire. De l'un des angles,
« sur une des faces bien unies, il décrit un
« quart de cercle en prenant le sommet de
« cet angle pour centre. A ce point central
« il adapte un petit cylindre qui sert de
« gnomon, et perpendiculairement au des-
« sous il ajoute un second petit cylindre dont
« on ne conçoit pas trop l'usage, à moins
« qu'il ne serve de ligne de foi. Le quart de
« cercle est divisé en degrés et en parties de
« dégrés. Cet instrument étant dirigé dans le
« sens du méridien, l'ombre du cylindre su-
« périeur marque sur les divisions du quart
« de cercle la distance du soleil au zénit. On
« plaçoit l'instrument de niveau par le moyen
« d'un fil à plomb qui devoit être tangent
« aux deux cylindres, etc. (17). »

Nassyr-Eddyn, dont l'auteur ne faisoit pro-

(16) *Almag.*, liv. I, ch. 2, et le *Comment.* de Théon.

(17) Bailly, *Hist. de l'Astron. moder.*, t. I, p. 568.

bablement qu'exécuter les projets, a corrigé plusieurs instrumens anciens et en a inventé de nouveaux; il est donc très-possible que ce quart de cercle tracé sur une pierre lui ait donné l'idée de remplacer cette pierre par un mur, et d'y fixer un quart de cercle en cuivre. Cette conjecture est d'autant plus probable que les Arabes ont toujours aimé les grands instrumens (18). D'ailleurs l'invention du mural est généralement attribuée à Tycho-Brahé, et il n'est pas possible de croire que le passage de Ptolémée qui en donneroit la description soit resté jusqu'à présent dans l'oubli (19). Il est remarquable de retrouver la même idée chez deux des plus célèbres astronomes qui aient existé.

(18) Je rappellerai à ce sujet la réponse que fit Ebn Corfa à Alafdal qui lui observoit que son cercle horizontal étoit trop grand. « Si j'avois pu, « dit-il, faire un cercle qui s'appuyât d'un côté sur « les Pyramides et de l'autre sur le mont Moqattam, « je l'aurois fait; car plus l'instrument est grand, plus « les opérations sont justes. » Voy. *Tables Hakém.*, p. 6, note *c*.

(19) Mon intention étoit de consulter les versions arabes de l'*Almageste*, pour m'assurer du mot par lequel le traducteur avoit rendu celui de pierre quadrangulaire; mais je n'ai pu la remplir, les manuscrits qui les contiennent étant communiqués.

Sphère armillaire.

Celle-ci ne se compose que de cinq cercles : l'écliptique et le colure emboités au moyen d'entailles, le grand cercle de latitude, le méridien et le petit cercle de latitude dont la face convexe touche la concavité des deux premiers.

De ces cinq cercles, trois seulement sont susceptibles de division. L'écliptique , le méridien et le petit cercle de latitude. Je m'attendois à trouver ici la méthode pratiquée pour la division du cercle : mais ce passage et plusieurs ouvrages que j'ai consultés dans l'espérance d'y puiser des lumières, ne sont pas satisfaisans. Il en résulte que les Arabes commençoient par tracer deux diamètres se coupant à angles droits qu'ils vérifioient au moyen du compas. Après s'être assurés de la justesse de cette première opération , ils divisoient chaque quart de cercle en 90°. Le compas servoit encore à vérifier cette seconde division. On mesuroit d'abord 5°, et l'espace compris entre les branches du compas se reportoit sur les 360°, 5° par 5°. On peut juger de l'imperfection d'un pareil procédé (20).

(20) Ces détails se trouvent en partie dans un Traité de l'Astrolabe, écrit en persan et placé à la

Quant à la division, elle étoit poussée aussi loin que l'art de l'ouvrier et la grandeur du cercle pouvoient le permettre. Les instrumens de l'auteur étoient divisés en degrés et minutes (21).

Je passerai sous silence les détails que donne l'auteur pour la construction des pôles, des axes et des trous destinés à les recevoir. Il y observe que les pôles de l'écliptique doivent être distans de ceux de l'équateur de la même

suite de celui que je traduis. On y lit encore 1.° que les styles (*méqyas*) sont de trois espèces selon leur division. On nomme *aqdamy* ceux qui sont divisés en 6 ou 7 parties ou pieds : *asâby* ceux qui sont divisés en 12 doigts, et *adjzay* ceux qui sont divisés en 60 parties. 2.° Que les astrolabes où les *almiqantarah* sont marqués de 1° en 1°, s'appellent *tammi*; ceux où ils sont marqués de 2° en 2° se nomment *nousf*; de 3° en 3° *tsalats*; de 5° en 5°, *khamsy*; de 6° en 6°, *cedece*; de 9° en 9° *tasiy*; et enfin on les nomme *achary* lorsque les *almiqantarah* sont marqués de 10° en 10°.

(21) Il paroît que les Arabes ne poussoient pas ordinairement la division au delà des minutes qui se marquoient tantôt de 20′ en 20′, tantôt de 10′ en 10′, rarement de 5′ en 5′; cependant l'art étoit susceptible d'atteindre à une plus grande perfection. Mohammed Alkhodjendy observoit avec un sectant dont le limbe étoit divisé en secondes (*Trans. Philos.*, n.° 163). Eulug-Bey, dans ses Tables (*Manus. pers. de la Bibl. Impér.*, n.° 164), donne l'obliquité de l'écliptique de 23°, 30′, 17″, ce qui suppose un instrument qui marquoit les secondes.

quantité que l'obliquité. Or plusieurs observations répétées lui ont donné de 23° 30′.

Le cinquième cercle est traversé par un diamètre en cuivre renforcé au milieu d'une pièce excédente par laquelle passe l'axe ou le cylindre autour duquel tourne l'alidade. Voici comment l'auteur s'exprime au sujet de cette alidade.

« Par son moyen, on peut se passer du « sixième cercle que Ptolémée place dans « l'intérieur du cinquième pour prendre la « latitude des étoiles. Nous en obtenons les « mêmes résultats et elle est d'un emploi et « d'une construction plus faciles, ne présen- « tant pas les difficultés qui proviennent de « la disposition du sixième cercle.

« Ce cercle doit tourner dans le plan du « cinquième sans s'en écarter. Il faut, pour « le retenir, employer des moyens dont il « résulte deux inconvéniens qui sont : 1.° de « tracer une rainure sur toute la face con- « vexe de ce sixième cercle et de faire tra- « verser le cinquième par des vis qui abou- « tissent dans cette rainure ; 2.° d'introduire « dans chaque surface du sixième d'autres « vis qui dépassent par sa face convexe et « viennent toucher les surfaces du cinquième. « Il est vrai que ces deux cercles resteront « dans le même plan ; mais de tels moyens « ne peuvent être employés à l'égard du

« cinquième, puisqu'ils empêcheroient l'index « qui marque les degrés de tourner sur sa « circonférence. D'ailleurs si le sixième cercle « touche fortement le cinquième, l'observa- « teur ne pourra point le faire mouvoir, « surtout s'il est grand. Le touche-t-il lé- « gèrement? il se dérange et n'a plus son « centre au centre de la sphère. Ajoutons « que ce sixième cercle étant grand, les « dioptres du diamètre sont très-distans, et « que l'observateur ne peut point de leur « trou diriger son regard vers l'astre qu'il « observe; car l'emploi des tubes est très- « difficile. Si l'observation a lieu pour des « rayons qui pénètrent d'un des trous dans « l'autre, il sera ébloui et n'observera plus « avec justesse. En supposant l'instrument « petit, il n'a pas d'exactitude et ne peut « être d'aucune utilité. L'alidade que nous « employons est donc beaucoup plus simple, « puisque nous pouvons placer les dioptres « où nous voulons, et que nous évitons les « inconvéniens ci-dessus. »

J'ai rapporté ce passage pour faire connoître l'imperfection de la sphère armillaire chez les Arabes, et avoir lieu de faire une observation qui s'appliquera à tous les instrumens dont j'ai à parler. C'est que l'auteur recommande toujours l'usage de ce tube qu'il place entre les deux dioptres, et dont l'extrémité qui regarde l'œil est garnie d'une plaque concave (22) destinée à défendre l'œil. Ainsi nous retrouvons chez les Arabes ces tubes dont l'usage paroît fort ancien, qui ont fait avancer l'opinion que les anciens connoissoient le télescope (23), et dont on présumoit qu'Hyparque et Ptolémée s'étoient servis pour observer et compter les étoiles (24). Leur objet étoit sans doute d'écarter les rayons latéraux et de montrer plus distinctement les objets. Car il est prouvé que ces tubes, fussent-ils de papier, facilitent la vision (25).

Après la description de la sphère viennent les moyens d'égaliser les surfaces des cercles et de les rendre propres à être employés. Les voici.

« Prenez des morceaux de cuivre assez « épais, d'une demi-coudée de longueur, et « larges de trois doigts : tracez sur l'un des

(22) Le mot que j'ai rendu ainsi est *sekredjeh* ou *eskredjeh*; mot persan qui a passé dans l'arabe, et signifie proprement *plat creux* [paropsis].

(23) Caylus, *Hist. de l'Acad. des inscrip.*, t. 27, p. 61, et *Origine des découvertes attribuées aux modernes.* Cette opinion a été victorieusement rejetée par le savant M. Ameillon, par un Mémoire inséré dans le tom. 42 des *Mémoires* de la même Académie.

(24) *Hist. de l'Astron. moder.*, t. 1, p. 556.

(25) *Trans. Philos.*, n.° 37 et 39, an. 1668.

« bords, un arc de cercle décrit par la cir-
« conférence convexe du cercle que vous
« voulez égaliser, et faites sauter avec la lime
« ce qui est en deçà. Tracez sur un autre
« bord un arc du cercle décrit par la cir-
« conférence concave, et faites sauter ce qui
« est au delà; vous aurez donc la circonfé-
« rence concave et convexe de votre cercle.
« Ces deux morceaux vous serviront à éga-
« liser les faces de vos cercles, ne fussent-ils
« pas égaux. Pour les surfaces, prenez deux
« règles, l'une de la longueur du diamètre du
« plus grand cercle, et l'autre de trois schebr
« (empan). Posez la première sur chaque
« deux degrés opposés, pour connoître les
« points inégaux de ces surfaces; si la règle
« s'applique parfaitement, elles sont égales;
« s'il y a du jour, faites disparoître l'inéga-
« lité avec la lime. Posez ensuite la petite règle
« partie par partie sur toute cette surface,
« et s'il y a du jour employez la lime. Pre-
« nez une autre règle; faites à une de ces
« extrémités une entaille à angles droits
« profonde de la largeur du cercle. Vous
« l'emploîrez à égaliser toute la circonférence
« de votre cercle, en la faisant tourner tantôt
« du côté de la face concave et tantôt du côté
« de la face convexe. Enfin vous prendrez un
« autre morceau de cuivre auquel vous ferez
« une entaille angulaire, et vous l'emploîrez

« à mesurer l'épaisseur de tous vos cercles. « Un côté de cette entaille tournera sur une « des faces, et l'autre sur une des surfaces. « C'est ainsi que vous parviendrez à rectifier « et à égaliser vos cercles. Mais si vous vou- « lez mettre dans cette opération une exac- « titude qui ne laisse rien à desirer, placez « le cercle dont vous voulez égaliser les sur- « faces, dans une position horizontale sur « un sol que vous aurez applani bien exac- « tement avec l'équerre et le fil à plomb. « Prenez ensuite de la terre dont se servent « les potiers, et faites-en une rigole qui en- « toure la concavité de votre cercle. Rem- « plissez d'eau cette rigole et jetez dessus de « la plante de Kali pulvérisée (il faut choi- « sir un moment où il ne fasse point d'air); « vous remarquerez les endroits où l'eau s'é- « coulera sur la surface du cercle, et avec « la lime vous égaliserez les points élevés. »

Ce passage prouve évidemment que les Arabes ne connoissoient pas le tour, ou ne s'en servoient pas encore vers le milieu du sixième siécle de l'hégire.

La sphère repose sur un pied ainsi construit: au méridien sont adaptées deux branches de cuivre qui se réunissent à leurs extrémités et forment un angle. On élève un pilier en pierre, au haut duquel on tire la ligne méridienne; dans la direction de cette ligne, on creuse un trou où l'on fait entrer les extrémites jointes des branches ci-dessus.

Instrument destiné à faire connoître l'obliquité de l'écliptique.

C'est l'astrolabe de Ptolémée (26) avec quelques changemens. Il se compose d'un cercle de cuivre, le plus grand possible, afin qu'il puisse se diviser en très-petites parties, telles que minutes, secondes, ou tierces. L'auteur le fait de cinq coudées de diamètre; il est, comme le petit cercle de latitude, traversé par un diamètre en cuivre passant par le milieu

(26) L'astrolabe de Ptolémée étoit un cercle de cuivre d'une médiocre grandeur divisé en 360°, et chaque degré en autant de parties qu'il étoit possible; intérieurement à ce petit cercle en étoit adapté un autre placé dans le même plan et mobile; sur la circonférence de ce dernier étoient adaptés deux petits cylindres égaux placés aux deux extrémités d'un de ses diamètres. Le tout étoit porté sur un pied et placé verticalement au moyen d'un fil à plomb; le point d'où partoit ce fil déterminoit le zénit de l'instrument. Au moyen de la ligne méridienne, on plaçoit cet instrument dans le plan du méridien, et lorsqu'on vouloit observer la distance du soleil au zénit, on faisoit mouvoir le cercle intérieur de manière que l'ombre du petit cylindre supérieur tombât exactement sur le cylindre inférieur. Le cercle intérieur portoit un index qui marquoit sur les divisions du cercle extérieur, les degrés de la distance du soleil au zénit. Voyez *Almag.*

du pied sur lequel il repose (et qui est semblable à celui du méridien) et son zénit. Une alidade garnie de deux dioptres et d'index tourne sur sa circonférence. Pour la diviser, on trace un second diamètre se coupant à angle droit avec celui de cuivre et parallèle à l'horizon. Les degrés s'écrivent en commençant des extrémités du premier diamètre, et finissent aux extrémités du second; chaque quart de cercle étant divisé par 90°, l'index qui regarde l'observateur marque les degrés de hauteur du soleil. Cet instrument a l'avantage de faire connoître la latitude du lieu où l'on observe, par le moyen d'étoiles qui ne se couchent point; car en additionnant leur plus grande et leur plus petite hauteur et en prenant la moitié du total, on aura la hauteur du pôle ou la latitude (27).

Instrument pour connoître le passage du soleil par les équinoxes.

Ce n'est autre chose que le cercle ou anneau dont les anciens se servoient pour connoître le passage du soleil par les points équinoxiaux. Il étoit incliné et orienté comme l'équateur ou parallèle à l'équateur céleste, et sa concavité cessoit d'être éclairée le jour que le soleil étoit dans le plan de l'équateur (28).

(27) Lalande, *Abrégé d'Astron.*, art. 33 et 46.
(28) *Idem... ib.*, art. 303. Riccioli, *Alm. nov.*

L'auteur ajoute qu'il faut s'assurer exactement de la latitude du lieu, afin de connoître l'angle de section de ce cercle avec l'horizon. Pour en fixer la position, il s'unit à un méridien qui en supporte le poids. Mais les détails qu'il donne sur la manière de placer ce cercle ne sont pas satisfaisans.

Instrument dit à *Pinule mobile.*

Ptolémée, selon l'auteur, l'a nommé dans *l'Almageste* sans en indiquer la construction. Mais il ne cite pas le passage où il a trouvé son nom. Les renseignemens que j'ai pris à ce sujet ne sont point satisfaisans : l'instrument que l'auteur arabe décrit n'est point connu, et l'on est même fondé à croire que les anciens n'en avoient point pour observer les éclipses (29). Le passage de l'auteur me paroît ne pas prouver le contraire; car si Ptolémée n'a fait que le nommer, comment a-t-il pu exécuter le sien? Le simple nom d'un objet ne suffit pas, sans doute, pour en donner une idée tellement parfaite qu'on puisse aussitôt en faire un semblable. Sans oser décider cette question, je me contenterai de donner fidèlement la description de cet instrument.

(29) Bailly, *Hist. de l'Astron. moder.*, t. 1, p. 539.

Il se compose d'une règle carrée de bois de *sadje* de 4 $\frac{2}{3}$ coudées de long, sur $\frac{1}{4}$ de coudée de largeur. Au milieu de sa largeur et dans toute sa longueur, on creuse une rainure profonde d'un demi-doigt; on fait couler dans cette rainure, au moyen d'une languette de sa dimension, une pinule qu'on nomme *pinule mobile.* La partie inférieure de la pinule doit être plus large que la rainure et garnie de deux *index* qui marquent les parties sur les bords divisés de la règle ou *alidade :* à sa partie supérieure est un trou conique dont l'ouverture la plus large regarde l'extrémité la plus longue de la languette, et l'ouverture la plus étroite, l'extrémité la plus courte.

A un des bouts de l'alidade est fixée une autre pinule parfaitement égale à la première et percée d'un trou dont l'ouverture la plus large regarde le bout de l'alidade. On fait ensuite deux disques, et on garde cette proportion dans leur grandeur; le diamètre du plus grand est 2 $\frac{1}{3}$ fois comme le diamètre de la plus petite ouverture du trou fait à la pinule mobile, et le diamètre du plus petit disque comme celui de cette ouverture (30). Les bords de l'alidade sur lesquels

(30) C'est le rapport approché de l'ombre de la terre au disque de la lune.

coulent les index se divisent en 220 parties dont chacune est égale au diamètre de cette petite ouverture. Elles commencent à s'écrire et à se compter de la pinule fixe. Chacune de ces parties se subdivise en 12 autres, et ce sont les doigts par lesquels sont divisés les disques. L'observateur, lors de l'opération, doit avoir grand soin d'approcher l'œil de la pinule fixe; car le commencement des parties doit être au sommet du *cône visuel*, et ce sommet est dans le *cristallin*.

Le montant ou pied de cet instrument est un cylindre de bois de cinq doigts de diamètre sur quatre coudées de hauteur. A son extrémité inférieure est une pièce carrée dans laquelle il tourne et qui entre dans les deux barres qui font les traverses du pied, à leur point de section. Son extrémité supérieure est percée d'un trou dont on connoîtra plus bas l'usage. Quatre arcs-boutans solidement adaptés aux extrémités des traverses aboutissent à un cercle de $\frac{2}{3}$ de coudée de diamètre, et d'un $\frac{1}{4}$ de coudée d'épaisseur. Ce cercle, par le centre duquel passe le cylindre, est élevé de deux coudées au dessus des traverses.

L'instrument s'unit à son pied au moyen d'une charnière (31) dont je ne pourrois point

(31) Le mot que j'ai traduit ainsi est *Nermázdjeh* composé de *ner* et de *mádeh*, mots persans. Meninsky

indiquer la forme, mais dont une extrémité entre dans le trou percé en haut du cylindre et l'autre dans la surface de l'alidade opposée à celle où est la rainure. Au moyen du cylindre et de la charnière l'instrument peut tourner, s'élever et s'abaisser au gré de l'observateur. Quant à son utilité, voici comment l'auteur l'indique après avoir terminé sa description.

« On employe cet instrument à mesurer « le diamètre de la lune dans les éclipses ou « même dans tout autre temps. Pour cela « tantôt on approche de l'œil la pinule mo- « bile et tantôt on l'en éloigne jusqu'à ce « qu'on voye par sa petite ouverture le disque « entier de la lune. Il faut qu'il soit bien « exactement compris par cette ouverture, « qu'il la remplisse et n'excède d'aucun côté. « On regarde la distance qui est entre l'œil « et l'index de la pinule mouvante. L'opéra- « tion est la même pour le soleil. On sait « par ce moyen à quelle distance le diamètre « de la lune est égal à celui du soleil. Or « cette distance n'est jamais de plus de 130 « parties marquées sur les bords de l'alidade. « Quant aux disques, si l'éclipse est solaire, « on employe, pour connoître sa grandeur, le « plus petit des deux. Ayant fixé la pinule

le rend par *trochlea*, *pessus*. Voyez MENINSKY, *Thesaurus ling. orient.*, au mot *Nermâdeh*.

« mobile à la distance convenable pour com-
« prendre le soleil en entier, on bouche sa pe-
« tite ouverture avec ce disque, de la même
« quantité qu'on voit le soleil éclipsé (32).
« Si l'éclipse est lunaire, on employe le plus
« grand en faisant pour le disque de la lune
« comme on a fait pour celui du soleil. Le
« petit disque se divise en 12 parties qui
« sont les doigts du diamètre. Le nombre
« de parties fera connoître le nombre de
« doigts du diamètre éclipsés (33). Le grand
« disque se divise en 31 $\frac{1}{7}$ parties selon la pro-
« portion gardée dans la grandeur des deux
« disques. Chacune de ces parties est donc
« égale à celles du petit disque. On saura
« ce qui reste de découvert du disque de
« la lune d'après la mesure de ce qui en
« est éclipsé. Mais si l'éclipse est totale, il
« est clair que cet instrument n'est d'aucune
« utilité.

(32) Le disque cache de la pinule une partie qui est semblable à celle que la lune cache du soleil.

(33) Les anciens astronomes comptoient les doigts éclipsés non par rapport au diamètre divisé en douze parties, comme on le fait aujourd'hui, mais par rapport à la surface du disque; en sorte que selon eux un doigt étoit la douzième partie de ce disque [*Almag.* liv. 6, ch. 7]. Il semble que Nassyr-Eddyn ne s'est pas servi de cette dernière méthode. On trouve dans Ptolomée, pag. 147, une table pour convertir les doitgs du diamètre en doigts de la surface.

« Tels sont les instrumens rapportés dans « l'Almageste et qui furent faits pour l'Obser- « vatoire d'Alexandrie. Quant aux *règles* « *parallactiques* dont parle Ptolémée, et qu'il « dit avoir inventées, nous en parlerons plus « loin. Pour le présent, nous allons nous « occuper des instrumens que nous avons « faits et que nous jugerons les meilleurs. »

Instrumens nouveaux ou inventés par l'Auteur.

Des instrumens inventés par l'auteur, les uns ont été construits par lui-même, les autres ont été exécutés d'après les modèles qu'il en donna. Obligé de surveiller la construction d'une mosquée et de faire monter l'eau jusqu'au sommet de la montagne au moyen de roues et de conduits, il ne put suivre ses autres occupations.

Premier Instrument : quarts de cercle mouvans qui remplacent l'armille.

Il se compose d'un cercle le plus grand possible posé horizontalement sur une bâtisse ronde et creuse. Peu importe qu'il soit fondu en plusieurs morceaux, pourvu qu'ils soyent réunis bien exactement. On prend le centre de ce cercle et on en égalise la circonférence intérieure et extérieure par deux cercles concentriques qui tournent sur ce centre. Pour égaliser la surface parallèle à l'horizon, on employe la rigole et l'eau (p. 67), ou bien on place au centre un cylindre retenu par en haut dans une traverse : on perce dans sa partie inférieure un trou dans lequel on introduit une petite règle ou une baguette qui au moyen du cylindre tourne sur la surface du cercle. Il est facile par ce procédé de reconnoître les endroits inégaux qu'on fait disparoître avec la lime.

Lorsque ce cercle horizontal est ainsi disposé, on prend deux quarts de cercle avec leurs règles qui se coupent à leur centre à angle droit, et dont l'une est perpendiculaire au cercle horizontal, et l'autre parallèle. Aux deux règles perpendiculaires sont des pièces excédentes qni entrent les unes dans les autres, et sont traversées par un axe placé au centre du cercle, et autour duquel tournent les deux quarts de cercle (34). Cet axe est fixé à sa partie supérieure par une traverse soutenue par deux arcs-boutans placés hors du cercle. Les quarts de cercle peuvent alors s'éloigner, s'approcher et n'en faire

(34) Tycho avoit parmi ses instrumens plusieurs quarts de cercle tournant sur un cercle horizontal. On peut en voir les figures dans son ouvrage intitulé : *Astronomiæ instauratæ mechanica.*

qu'un au gré de l'observateur. Aux deux extrémités qui tournent sur la circonférence unie du cercle horizontal sont deux index qui marquent l'azimut (35). Ce cercle est divisé en 360° et subdivisions qui commencent à s'écrire et à se compter des points du levant et du couchant. Le limbe des quarts de cercle se divise en 90° et subdivisions. On adapte à leur centre un cylindre autour duquel tourne une alidade garnie de deux pinules, et dont l'extrémité coule sur le limbe ci-dessus. Deux personnes peuvent donc observer en même temps, puisque chaque quart de cercle a son alidade. Cet instrument est évidemment d'un emploi et d'une construction plus faciles que les armilles, et donne des résultats qu'on n'en obtient point. Il sert à connoître la distance entre deux étoiles, leur azimut, leur élévation au dessus de l'horizon et leur distance au zénit. On peut aussi mesurer en même temps la hauteur de ces deux étoiles, et connoître la latitude du lieu où l'on observe de deux manières : d'abord par

(35) L'arc du *semt* ou simplement azimut, est l'arc de l'horizon compris depuis l'Orient ou l'Occident équinoxial jusqu'au point où tombe le vertical qui passe par le centre d'un astre. Les astronomes comptent au contraire cet arc depuis le méridien. Voyez *Artron. quæd. ex traditione chah Kholdji persæ*, p. 82; LALANDE, *Abr. d'Astron.*, art. 174.

les compléments de la plus grande hauteur méridienne du soleil, et sa plus petite hauteur, et ensuite par la plus grande et la plus petite hauteur d'étoiles qui ne se couchent point.

Deuxième Instrument dit *aux deux Piliers.*

Ce sont d'abord deux piliers en pierre de près de 6 coudées de haut; à leur partie supérieure sont placés des appuis en bois dans lesquels on perce deux trous destinés à recevoir les extrémités de la barre ou traverse qui va d'un de ces piliers à l'autre. Au milieu de la traverse est adapté un cylindre autour duquel tourne une règle de bois de *sadje* de $5 \frac{1}{4}$ de coudées de longueur, et de $4 \frac{1}{4}$ de coudées de largeur. On tire une ligne prolongée dans toute la longueur et au milieu de la largeur de cette règle. On en mesure 5 coudées, et on fait une marque. C'est le demi-diamètre du cercle que décrit la règle en tournant autour du cylindre. Verticalement au dessus du cylindre, à l'endroit où tombe le fil à plomb, on élève une base; on y adapte parallèlement à l'horizon un autre cylindre autour duquel tourne une autre règle de $7 \frac{1}{2}$ coudées. On la nomme *règle des cordes.* On en mesure 5 coudées et on fait une marque. Cet espace se divise en 60 parties, et le surplus de la règle en 25, ce qui fait en tout 85. Chacune de ces parties se divise en 60 autres. On écrit encore sur la même règle chaque arc à côté de sa corde pour n'avoir pas besoin de recourir aux tables lorsqu'on se sert de cet instrument. A la surface septentrionale de la règle suspendue sont deux pinules entre lesquelles il y a une coudée (commune) de distance. Lorsque le soleil est dans le méridien, on élève l'extrémité de la règle suspendue vers le nord jusqu'à ce que l'une des deux pinules ombrage l'autre et que le rayon pénètre de l'un des trous des pinules dans l'autre. On élève de même l'extrémité de la règle des cordes jusqu'à ce que sa surface touche l'extrémité du demi-diamètre ou règle suspendue. La règle des cordes donnera le complément de la hauteur. Au nord des deux piliers, on élève un mur dans leur même direction de 5 coudées de longueur sur 6 de hauteur : à sa face orientale on fixe un quart de cercle pour prendre la hauteur.

Comme le mouvement de ces règles pourroit gêner l'observateur ; pour lui en faciliter l'emploi, on adapte une poulie au haut du mur, et des anneaux aux extrémités des règles, puis au moyen de cordes on les élève et on les abaisse à volonté.

Troisième Instrument dit *à Sinus* et *à Azimut.*

C'est un cercle placé horizontalement sur une bâtisse creuse, et dont les extrémités des diamètres répondent aux quatre points cardinaux; ce cercle a un diamètre en bois tournant dans son intérieur, et traversé dans toute sa longueur par une rainure. Deux règles de la longueur d'un des rayons du cercle, unies à leur extrémité supérieure par une charnière, se meuvent dans cette rainure au moyen d'une languette de sa dimension, et représentent parfaitement le compas de proportion, s'approchant et s'écartant à volonté; on les appelle règles de mesure. Pour empêcher qu'elles ne vacillent, au milieu du diamètre, des deux côtés de la rainure, on place deux autres règles perpendiculaires et fendues dans toute leur longueur. C'est dans ces fentes que s'élève ou s'abaisse par le mouvement des règles, l'axe qui les unit. Ces règles perpendiculaires sont assujetties dans leur position par des arcs-boutans et des cylindres mis en travers. Les règles de mesure ont à leur dos deux pinules, et à leur extrémité inférieure un index qui marque sur les bords divisés de la rainure, le sinus du complément de la hauteur. Les bords de cette rainure se divisent en effet de cette manière :

chaque rayon est divisé en 60° et subdivisions, et on commence à les écrire et compter du milieu du diamètre.

Le diamètre est adapté à un cylindre passant dans une espèce de douille et aboutissant à un trou garni de fer où il tourne. Ce diamètre marque l'azimut sur le cercle horizontal.

Quatrième Instrument dit *à Sinus* et *à Flèche.*

Il diffère peu du précédent : le cercle, le diamètre, les règles perpendiculaires fendues, sont disposés de même. Des deux règles de mesure, l'une glisse dans la rainure, et on l'appelle *règle des flèches ;* l'autre s'élève ou s'abaisse à volonté au moyen d'un cylindre qui la traverse à son extrémité, et se meut dans les fentes des perpendiculaires : on la nomme *demi-diamètre.* Sur la surface des règles perpendiculaires, on fait un signe élevé au dessus de la rainure de la même quantité qu'est le demi-diamètre. Chacun de ces deux espaces se divise en 60°, et chaque degré autant que possible. La règle des flèches se divise aussi en 60° : on compte pour cette règle, de l'extrémité où elle est unie au demi-diamètre. Quant aux règles perpendiculaires, on commence de la partie inférieure; le nombre de degrés compris sur les règles perpendiculaires entre le cylindre du demi-diamètre et leur extrémité inférieure, donnera le sinus de l'arc de hauteur. L'espace de la règle des flèches compris entre la charnière et les règles perpendiculaires donnera le co-sinus et le reste de la règle, la flèche.

Nota. Le demi-diamètre a deux pinules.

Cinquième Instrument dit *le Parfait.*

La description en est obscure dans le texte, et m'a présenté des difficultés que je ne pourrois pas assurer avoir surmontées avec succès. Cependant, je crois n'avoir rien omis ni rien négligé qui soit de quelque importance, et l'extrait suivant suffira pour donner une idée exacte de cet instrument qui ne me paroît pas mériter l'épithète dont il est qualifié par l'auteur.

Il semble destiné à remplacer les *règles parallactiques* (36) de Ptolémée que l'auteur

(36) Les règles parallactiques aussi appelées *triquetron*, étoient composées de deux règles égales de bois, longues de 7 pieds, divisées en 60 parties; l'une immobile et placée verticalement au moyen du fil à plomb; l'autre mobile sur une troisième qui achevoit le triangle, étoit dirigée à l'astre à l'aide de deux pinules : l'écartement des deux règles for-

critique amèrement; c'est d'abord une pièce de bois carrée ou support de $\frac{2}{7}$ de coudée de longueur sur $\frac{1}{2}$ coudée de largeur. On élève sur ce support deux règles perpendiculaires de 4 $\frac{1}{2}$ coudées de hauteur et de $\frac{1}{6}$ de coudée de largeur. Il doit y avoir entre elles l'espace de leur largeur : une autre règle de même longueur et largeur, et qu'on appelle *règle de hauteur*, se place entre elles; et les trois sont réunies par le haut au moyen d'un cylindre qui les traverse. A la surface de la règle de hauteur parallèle à celle par où passe le cylindre, sont deux pinules ; au bas d'une des règles perpendiculaires, à la surface extérieure, est un cylindre autour duquel tourne une quatrième règle qu'on appelle *règle des cordes*, et dont la longueur est 1 $\frac{1}{2}$ fois celle de la *règle de hauteur*, au moyen d'une entaille faite à l'extrémité par laquelle passe le cylindre, la surface des deux règles se trouve dans le même plan. L'espace compris entre le cylindre inférieur et le cylindre supérieur, est la mesure du diamètre du cercle que décrit la *règle de hauteur*. On fait sur la règle des cordes un point à l'endroit qui est la mesure du demi-diamètre pris dans sa longueur. Cet espace se divise en 60°,

moit un angle qui mesuroit l'angle de la distance de l'astre au zénit. Voy. *Almag.* liv. 5, cap. 12, *Hist. de l'Astr. moder.*, t. 1, p. 175.

et le surplus de la règle en 25°, ce qui fait en tout 85°, et on écrit, en face, chaque arc à côté de sa corde. Cet instrument est semblable dans tout le reste à celui *aux deux piliers*. Lorsqu'on veut s'en servir pour mesurer une hauteur, on fait tourner le support au moyen d'un axe, jusqu'à ce que la surface de la *règle de hauteur* soit dans le plan du cercle vertical dans lequel est l'étoile dont on veut prendre la hauteur. On place les extrémités des deux règles du côté opposé à celui où est l'étoile, puis on élève l'extrémité de la première jusqu'à ce que par le trou des deux pinules, on la voye bien distinctement. La *règle des cordes* s'élève également jusqu'à ce que sa surface divisée touche la règle de hauteur.

Cet instrument donne aussi l'azimut au moyen de la disposition du pied sur lequel il repose : ce sont deux barres ou traverses dont les extrémités répondent aux quatre points cardinaux, et sont comprises par un grand cercle dont la circonférence est divisée en 360° et subdivisions. De ce cercle, s'élèvent huit arcs-boutans qui en soutiennent un autre destiné lui-même à porter le support qui tourne sur ce cercle au moyen d'un axe passant dans une douille, et aboutissant au centre du cercle horizontal. Au bas de ce cylindre est adaptée une alidade qui marque l'azimut sur la circonférence du cercle horizontal.

Les grands avantages que l'auteur prétend trouver dans cet instrument le lui font placer bien au dessus des règles parallactiques; j'en ai rapporté la description en note pour qu'on puisse comparer l'un à l'autre; le nôtre servoit à connoître le lieu ignoré d'une étoile, par le moyen d'une autre étoile dont la position en latitude et en longitude étoit connue. En prenant en effet la hauteur d'une étoile et son azimut, on en connoissoit l'ascendant, et lorsqu'on a la hauteur d'une étoile, son azimut et l'ascendant, on déduit facilement sa position en longitude et latitude. Les deux quarts de cercle ont un avantage de plus, c'est qu'on peut prendre en même temps la hauteur de deux étoiles.

Ici finit le traité des instrumens à la suite duquel l'auteur a placé une critique des règles parallactiques : comme elle ne m'a pas paru intéressante, j'ai cru pouvoir la supprimer.

Il est probable, ou que la copie d'après laquelle j'ai fait ma traduction n'est pas complète, ce que je présume, ou que l'auteur a omis beaucoup d'autres objets dont il auroit été curieux d'avoir au moins une idée. Par exemple, il ne dit pas un mot sur les moyens employés pour connoître et régler les heures. Cependant, quoique l'existence du pendule chez les Arabes soit encore un problême, il est certain qu'ils avoient beaucoup d'horloges. Hadji-Khalfa en distingue trois espèces; celles à eau qu'il nomme *aquatiques;* celles qui vont par le moyen du sable, et enfin celles que des roues combinées font mouvoir.

Je suis donc encore loin d'avoir atteint le but que je me proposois, puisque je ne puis donner qu'une idée incomplète des instrumens des arabes, et du degré de perfection auquel l'art pouvoit atteindre. J'espère que de nouvelles recherches me donneront de nouveaux résultats. La récompense que j'ambitionne, celle qui me sera toujours précieuse, c'est l'estime de mes professeurs dont les bontés pour moi se sont toujours multipliées, et des autres savans qui ont bien voulu m'aider de leurs conseils, et consacrer à mon instruction des momens précieux. Le plus sûr moyen de leur prouver ma reconnoissance, est un travail assidu: c'est aussi celui que j'emploîrai.

NOTICE SUR NASSYR-EDDYN.

Je crois ne pouvoir mieux terminer ce Mémoire qu'en donnant quelques renseignemens sur l'homme célèbre qui contribua le plus à la fondation de l'Observatoire de Méragah. Khoûdemir, historien persan, dont j'ai déjà parlé, me les fournira en partie.

Nassyr-Eddyn (1) Abou Djafar Mouham-

(1) Les mots *Nassyr-Eddyn* ne font point partie du nom de notre astronome. C'est un composé de deux mots arabes dont le premier signifie *Défenseur*, le second *la Religion*, et dont la réunion forme un titre honorifique qui veut dire à peu près *homme religieux*. Ce fut vers le quatrième siécle de l'hégire que les surnoms composés de deux mots dont le dernier signifioit *la Religion*, furent en usage; voici à quelle occasion : les Turcs s'étant rendus tous puissans à la cour des khalyfes prirent des surnoms tels que *Chems-Eddaulah* (le soleil de l'Empire) *Nassyr-Eddaulah* (défenseur de l'Empire), *Nedjm-Eddaulah* (l'étoile de l'Empire), etc. Des gens peu instruits et d'une condition ordinaire convoitèrent ces surnoms qui leur paroissoient très-magnifiques et très-honorables; mais comme ils ne pouvoient y prétendre étant absolument étrangers au gouvernement, ils y substituèrent des noms relatifs à la religion. Cet usage gagna bientôt et finit par devenir universel. De là les noms de *Nour-Eddyn* et *Silah-Eddyn*, la lumière de la religion et le bien de la religion, dont nous avons fait les noms de *Nouradin* et de *Saladin*, voy. *Chrest. Arab.*, t. 2, p. 505, addit. aux notes.

med ben Haçan Althoucy naquit le 11 de djumadyl-awel 597 (dimanche 17 février 1201). Quoique originaire de Siwah, comme il est né, et a été élevé à Thous, il est généralement connu sous le nom de Thoucy. Les biographes ne nous apprennent rien sur les premières années de sa vie; il les employa selon toute apparence à voyager et à étudier les auteurs grecs dont il avoit une grande connoissance; par la suite, il vint habiter le Couhestan. Nassyr-Eddyn Mouhtechem qui la gouvernoit, ayant reconnu son mérite, répandit sur lui ses bienfaits; le savant, pour lui en témoigner sa reconnoissance, composa son ouvrage de morale intitulé : *Akhlâq al-Nassyry*, qu'il lui dédia, et fit en même temps une ode qu'il adressa au Khalyfe Mostassem. Le visir Mowayyad-Eddyn Mohammed ben Alqamy, ministre que l'histoire nous représente comme doué de grands talens et d'un rare mérite (2), ne l'agréa point, et répondit sur le dos de l'enveloppe qui la contenoit, que Nassyr-Eddyn avoit oublié de mettre la suscription, *au Khalyfe de la surface de la terre*, chose qu'on ne pouvoit pas regarder comme de peu d'importance. Mouhtechem, par une basse flatterie, fit aussitôt enfermer son hôte. Telle fut la vé-

(2) Fakhr-Eddyn Razy. *Chrestom. Arab.* de M. de Sacy, t. 2, p. 45.

ritable cause de la disgrace de Nassyr-Eddyn; cause qui détruit l'anecdote (3) rapportée par quelques auteurs au sujet de son entrevue avec le Khalyfe, et que D'HERBELOT regardoit comme une fable (*Biblioth. orient.* au mot *Nassereddin*). Cependant il parvint à s'échapper et se réfugia auprès de Ala-Eddyn Mouhammed, dans le château de la Mort, chez les Molaheds; c'est là qu'il couloit des jours empoisonnés par la douleur que lui causoient le traitement injuste qu'il avoit éprouvé et sa position malheureuse, quand l'arrivée de Holâgou mit fin à ses peines. Le conquérant le reçut avec la plus grande distiuction, le combla de bienfaits et le mit au nombre de ses plus intimes favoris.

Pendant son séjour dans le Couhestan et chez les Molaheds, il avoit été à même de s'instruire des affaires du Khalyfe : il con-

(3) *Causa interitus Mostassemi, Nassyr-Eddynus Thusæus qui cùm librum a se conscriptum, et Khalifa oblatum, ab eo in frusta laceratum esse dolerat : Khalifa mœrorem, et indignationem ejus ex vultu conjiciens, interrogavit cujas esset : illi autem respondit Nassyr-Eddynus, atque inquit Khalifa : audivi Thusæos habere cornua : ubinam tua sunt? Respondit illi Nassyr-Eddynus; ego tibi cornua mea adducam. Ita autor fuit Holaco, ut in Khalifam expeditionem susciperet.* Gravius, *præf. ad Binas Tabulas geographicas.*

noissoit la division qui régnoit à la cour parmi les grands, la foiblesse du prince, son manque d'énergie et l'impuissance où il étoit de soutenir les efforts d'une armée. Ses conseils ne purent qu'être très-utiles à Holâgou, et il paroît que ce fut lui qui le dirigea dans son entreprise contre Bagdad, entreprise qui eut tout le succès qu'on pouvoit en espérer. Dès-lors Nassyr-Eddyn jouit d'un grand crédit auprès de Holâgou, et reçut des pouvoirs illimités pour se faire livrer tout ce que pouvoit exiger la fondation de l'Observatoire. Il avoit en outre l'intendance de tous les colléges établis dans l'étendue de l'empire des Mogols. Depuis le moment de la fondation de cet Observatoire jusqu'à celui de sa mort, l'incertitude sur son sort est la même que celle sur ses premières années. On sait seulement qu'il observa pendant plusieurs années, et mourut le 18 de dhoulhedjah 672 [25 juin 1274].

On lisoit dans la mosquée de Reschyd à Bagdad : « Le Khodjah (docteur) avoit or-
« donné par ses dernières volontés qu'on
« l'enterrât dans le voisinage de la sépulture
« de l'Iman Mouça Alqaçim. On commença
« donc à creuser le trou pour placer son
« tombeau; mais tout-à-coup on rencontra
« une chambre souterraine, carrée et ornée
« de sculptures. On fit des recherches, on

« prit des informations, et on sut que ce « petit endroit avoit été bâti par ordre du « Khalyfe Nassyr qui l'avoit fait construire « pour lui-même. Le fils de Nassyr-Eddyn, « contradictoirement aux volontés de son « père, le fit enterrer ailleurs. Ce qui est « singulier, c'est que cette chambre avoit été « achevée le jour même de la naissance de « Nassyr-Eddyn qui a vécu 75 ans 7 mois et « 7 jours (*habybul sâyr*). »

Les nombreux ouvrages de Nassyr-Eddyn suffisent pour attester son érudition et son activité infatigable. Ses connoissances embrassoient toutes les matières, et il traitoit aussi bien une question de morale et de politique qu'il résolvoit un problème d'algèbre ou de géométrie. Les Mahométans le placent pour ainsi dire de niveau avec Ptolémée, et expriment leur admiration pour ses talens par une tournure vraiment orientale, en disant que Nassyr-Eddyn a mis le musc de la correction à l'Almageste. En effet, il l'a commenté et traduit, et y a fait souvent d'heureuses corrections. Ses principes n'ont cessé de faire loi et d'être suivis dans toutes les écoles jusqu'à la venue d'Aly-Ben-Ibrahim Alchathir (4) qui apporta quelques changemens aux principes reçus alors. Voici

(4) Voyez HADJI-KHALFA au mot *Ilm rassady*.

comment Abulfaradje s'exprime au sujet du Khodjah :

« C'étoit un savant distingué dans toutes « les branches de la philosophie, et qui ras- « sembla un grand nombre de célèbres géo- « mètres pour l'aider dans ses observations « astronomiques. Il eut sous sa direction tous « les colléges établis dans l'étendue de l'Em- « pire des Mogols. Il a composé des ouvrages « de logique, de physique, de métaphysique, « de géométrie et d'astronomie. Le livre de « morale intitulé : *Akhlak al-Nassyry*, où il a « rassemblé tout ce qu'Aristote et Platon ont « dit touchant la sagesse pratique, est écrit « avec une élégance au dessus de tout « éloge (5). »

Pour confirmer ce passage, je vais donner ici la liste des principaux ouvrages de Nassyr-Eddyn. Toutes les fois qu'il m'a été possible et que je l'ai cru nécessaire, j'ai cité les titres en langue originale, et j'ai indiqué les numéros sous lesquels sont compris les ouvrages dont je fais mention dans les catalogues des manuscrits des bibliothéques de Paris et de l'Escurial.

1. Preuves de l'Existence de Dieu (6).

(5) Abulfaradje, *Hist. Dynast.*, p. 358 de la traduction.

(6) Casiri, *Bibl. Arab. Hisp.* n.° 700.

2. *Qanoun nameh Farcy.*—Code Législatif des Persans.

3. Solutions des difficultés que présente le Traité de Philosophie d'Avicenne; cet ouvrage est très-rare (7).

4. *Riçalet alchemsiyet fy qawaid almounthyqiyet.* — Traité des Fondemens de la Dialectique et de la Logique (8). Il a été commenté par plusieurs auteurs entre lesquels on distingue Qothbeddyn Razy (9), et Nedjmeddyn Debbyrân de Qazwyn (10). Nassyr-Eddyn en a fait un abrégé qu'il a enrichi de notes (11).

5. *Akhlâq al-Nassyry.* — Traité de Morale dont il a été déja parlé.

6. *Aousaf Alachraf.* — Autre Traité de Morale.

7. *Almensely* et *Almedeni*; — Ce sont deux Traités d'Economie politique (12).

8. Traité de Métaphysique connu sous le nom de *Tedjryd.* Cet ouvrage est très-célèbre chez les Mahométans, et a été éclairci par plusieurs commentaires dont le plus célèbre

(7) CASIRI, *Bibl. Arab. Hisp.* n.° 655.

(8) *Ibid.*, n.° 633 et 1186.

(9) *Ibid.*, n.° 634.

(10) *Ibid.*, n.° 616.

(11) *Ibid.*, n.° 686.

(12) D'HERBELOT, *Bibl. Orient.*, au mot *Nassereddin.*

est celui de Aly Couchdjy. Il se divise en six parties; 1.° de l'être métaphysique, c'est-à-dire, de Dieu, des Anges et de l'Ame; 2.° des corps célestes et sublunaires; 3.° des sciences et des arts, de leur invention et de leurs progrès; 4.° des prophêtes; 5.° de la dignité et de l'autorité des pontifes; 6.° de la résurrection et du jugement universel (13).

9. *Téchewouq nameh ylekhany.* — Histoire naturelle divisée en quatre parties; 1.° des minéraux; 2.° des pierres; 3.° des métaux; 4.° des parfums.

10. *Charh altedzekkour;* — C'est à ce que je crois un Traité de Géographie. Hadji-Khalfa n'en parle pas à ce titre, dans sa Bibliothéque; mais je fonde ma conjecture sur l'usage qu'en a fait Ebn Alawardy, dans sa Géographie (14).

11. *Kitâb Alméçâkin.* — Géographie de Théodose, traduite en arabe, par Costha ben Luca, revue et corrigée par Nassyr-Eddyn.

12. Principes de Médecine.

13. Abrégé d'Arithmétique et d'Algèbre (15).

14. *Altedhryb fy hindéset.* — Traité de

(13) Casiri, *Bibl. Arab. Hisp.*, t. 1, p. 189.

(14) *Notices et Extraits des Manusc.*, t. 1, p. 21.

(15) Casiri, *Bibl. Arab. Hisp.*, n.° 968.

Géométrie, où l'on trouve tout ce que les anciens ont dit sur cette partie des Mathématiques.

15. Géométrie d'Euclide traduite en arabe. Cet ouvrage a été imprimé à Rome sous ce titre : *Transcription des principes d'Euclide, par maître Nassyr-êd-dyn, natif de Thous en Khorâçân, à l'imprimerie impériale des Médicis, par les soins de J. B. Raymond.*

Cette édition arabe d'Euclide, publiée aux frais des Médicis, nom cher aux langues orientales, et dans leur imprimerie célèbre, est une des plus belles productions de la typographie arabe.

16. Traduction du Traité des Ascensions d'Hypsicles (16) avec un Commentaire.

17. *Zubdet âlîdrâk fy hyet alâflâk.* — Moyens les plus propres à faire acquérir la science dite *ïlm âlhyet* (17). Ce Traité se

(16) Célèbre mathématicien et philosophe qui parut peu après Euclide. Voyez sur sa Vie et ses ouvrages, Fabricius, *Bibl. Græ.*, lib. 3, p. 91.

(17) Une note marginale du manuscrit explique ainsi la science *ïlm âlhyet* : « cette science apprend « à connoître le nombre des corps supérieurs (les « astres), leur configuration, leur lieu, leurs différentes « particularités, la quantité et la direction de leurs « mouvemens, leur grandeur, leurs distances mu- « tuelles, et enfin la figure de la terre et des mers, « et leur étendue. »

trouve à la Bibliothéque impériale sous le n.° 1151 des manuscrits arabes, et est ainsi indiqué sur le Catalogue imprimé (18) : *des Corps célestes, de la forme des globes et de leurs mouvemens.* Comme cette désignation me parut obscure; pour m'assurer du contenu de l'ouvrage je l'ai consulté, et j'en ai même traduit une grande partie pour mon usage. C'est un petit traité abrégé d'astronomie dans le genre de celui d'Alfergan, et de l'Extrait de Chah Kholdji, publié par Greaves. Voici comment s'exprime Nassyr-Eddyn dans la courte préface qu'il a mise en tête de ce Traité. « J'ai examiné avec « attention tous les ouvrages composés sur « la science que nous appelons *ïlm âlhyet*, « j'en ai extrait l'essence la plus pure, et j'en « ai composé ce Traité. Il se divise en pro- « légomènes et en deux livres. Dans les pro- « légomènes sont expliqués les termes tech- « niques de la science. Des deux livres, le « premier traite de la forme des sphères, « de leurs mouvemens et de leurs particu- « larités; le second est consacré à démontrer « la figure de la terre, sa division, et les « particularités de sa partie habitée. »

Selon le catalogue que je viens de citer, le même manuscrit contiendroit un commen-

(18) *Catal. Cod. Bibl. Reg.*, t. 1, p. 223.

taire sur ce Traité. C'est une erreur; le commentaire qui se trouve à la suite est destiné à expliquer un autre Traité de Nassyr-Eddyn, intitulé : *Sih fasl fyl téqawym* : trente chapitres sur les Ephémérides; le commentateur se nomme Abdal-wâdjib ben Mouhammed.

18. *Tedzkeret Al-nassyryet fyl hyet.* — Mémoire de Nassyr-Eddyn sur l'Astronomie (19). C'est, dit Hadji-Khalfa, un abrégé qui renferme des questions scientifiques et des preuves; il est divisé en plusieurs chapitres ; beaucoup de commentaires ont été faits sur cet ouvrage célèbre en Orient, et qui paroît contenir plusieurs observations anciennes et modernes. Les plus réputés sont ceux de A'ly ben Mohammed Aldjordjâny et de Nidhâm-Eddyn ben Mohammed Alnichaboury surnommé *Ela'radje* (le Boiteux).

19. *Sih fasl fy téqâwym.* Voyez ci-dessus.

20. Tetrabible de Ptolémée, traduit en persan ; cet ouvrage se trouve à la Bibliothéque impériale, sous le n.° 175 des manuscrits persans.

21. Traité de l'Astrolabe, divisé en vingt chapitres.

22. *Zydje Ylékhâny.*—Tables Ilkhaniennes:

(19) Abulfeda, en rapportant la mort de Nassyr-Eddyn en l'année 672, cite cet ouvrage. Voyez ABULFEDA, *Ann. Moslem.*, t. 5, p. 37.

la Bibliothéque impériale possède, sous le n.° 169 des manuscrits persans, un exemplaire de ces Tables d'autant plus précieux, qu'il est écrit de la main de Assyl-Eddyn, fils de Nassyr-Eddyn. Presque toutes les pages sont couvertes de notes marginales : sous le n.° 173 des mêmes manuscrits, on trouve un abrégé de ces Tables, fait par Aly chah ou Ola albokhary.

23. *Wafy Nassyr-Eddyn thoùcy;* —Traité de Géomancie selon Hadji-Khalfa.

24. Outre ces ouvrages, Nassyr-Eddyn s'est encore exercé sur beaucoup d'auteurs grecs; il a traduit les Sphères de Théodose, d'Autolycus, de Ménélaüs, et quelques Traités d'Archimède.

Mais l'ouvrage qui lui fait le plus d'honneur et qui lui assure l'immortalité, est sans contredit les Tables Ilkhaniennes pour la construction desquelles il avoit recueilli toutes les observations faites avant lui; il s'en explique ainsi dans la préface de ses Tables.

« Les maîtres de l'art ont dit : *des obser-*
« *vations qui durent moins de trente ans,*
« *espace de temps nécessaire pour l'entière*
« *révolution des sept planètes, ne peuvent*
« *être exactes; et si elles durent plus de*
« *trente ans, elles n'en ont que plus de*
« *justesse.* Notre empereur, par l'ordre de
« qui l'Observatoire a été fondé, nous a or-

« donné de faire nos efforts pour que les « nôtres soient terminées en douze ans. Nous « lui avons répondu que si la fortune nous « étoit favorable, nous ferions notre possible « pour satisfaire à ses desirs. Les seules obser- « vations faites avant nous dans lesquelles « nous ayons eu confiance sont celles d'Hy- « parque qui a vécu 1400 et quelques années « avant nous, celles de Ptolémée faites 285 « ans après Hyparque. Après celles-ci vien- « nent celles des Musulmans : d'abord celles « faites par l'ordre de Mamoun 430 et quel- « ques années avant les nôtres, d'Albatenius « en Syrie, d'Ibn Iounis au Caire, d'Ibn Ala- « lam (20) à Bagdad. De toutes ces suites « d'observations, aucune n'a duré le temps « nécessaire. Les plus conformes aux nôtres « sont celles d'Ibn Iounis, et celles d'Ibn « Alalam ; ce sont aussi celles qui en sont les « plus voisines, car elles n'en sont distantes « que de 205 ans. Enfin, nous avons exa-

(20) Ses noms sont : Aly ben Alhassan Aboul-Karim Alouy, surnommé Ibn Alalam : c'étoit un astronome célèbre qui vivoit sous Adaddoulet, prince de la dynastie des Bouides. Il a composé des Tables que les astronomes orientaux citent encore comme un modèle d'exactitude et de justesse. Ibn Iounis en parle avec éloge. Il mourut à Bagdad, le lundi 8 de moharrem 375 [985-986 ère vulgaire]. Voyez Casiri, *Bibl. Arab. Hispan.*, t. 1, p. 411. *Tables Hakém.*, p. 140 et 154.

« miné toutes les observations précédentes, « nous avons comparé leurs résultats avec « ceux que nous ont donnés les nôtres, et « nous avons construit ces nouvelles Tables. « Si le Dieu Très-Haut prolonge nos jours « et la puissance de notre prince, Abâqa-« khan, nous ferons connoître les résultats « que nous donneront les observations futures. « Si au contraire Dieu nous rappelle vers lui, « ces Tables telles que nous les donnons au-« jourd'hui, pourront servir longtemps aux « habitans de ce monde. »

Je ne m'étendrai point au sujet de ces Tables déja connues. Je dirai seulement qu'elles se divisent en quatre livres : le premier traite des époques; le deuxième du mouvement des planètes; le troisième de la connoissance des temps et de l'ascendant de chaque temps, et le quatrième de tout ce qui a rapport aux opérations astrologiques. J'ai lu en entier cet ouvrage, j'en ai même traduit une grande partie et je puis assurer qu'excepté les mouvemens des planètes, il ne contient aucune observation, et ne donneroit aucun résultat à celui qui en entreprendroit la traduction.

Si Nassyr-Eddyn s'est attiré l'admiration des savans par son érudition, ses qualités sociales lui avoient assuré de son vivant l'estime générale. Son sort étoit de se faire des amis de tous ceux qui le fréquentoient; la bonté, la douceur et la modestie formoient le fond de son caractère; ses manières gracieuses et en même temps réservées, forçoient au respect ses plus grands ennemis. Il est touchant d'entendre l'auteur du traité ci-devant traduit, s'écrier pénétré de reconnoissance pour ses bontés: nous pouvons dire avec le poète: *c'est un père tendre sur qui nous nous appuyons avec confiance: quelquefois nous cherchons à l'irriter pour connoître son naturel, mais alors même nous n'en recevons que des bienfaits.* . . . . . Quoique « nous ayons quitté, pour le servir, notre « patrie, nos amis et nos enfans, sa présence « nous en a bien dédommagés, car quiconque « le trouve ne perd rien, et quiconque le « perd au contraire a tout perdu. »

De tels sentimens exprimés avec sincérité par un savant son contemporain, mettent le sceau à tous les éloges qu'on pourroit faire de Nassyr-Eddyn.

www.ingramcontent.com/pod-product-compliance
Lightning Source LLC
LaVergne TN
LVHW020049170826
845678LV00001B/498

* 9 7 8 2 3 2 9 6 9 0 4 0 7 *